Audrey K. De Bouansa G.De Lumiere

INTRODUÇÃO À TEORIA DO UNIVERSO DE DOZE DIMENSÕES

Audrey K. De Bouansa G.De Lumiere

INTRODUÇÃO À TEORIA DO UNIVERSO DE DOZE DIMENSÕES

PARA RESTABELECER O EQUILÍBRIO DO NOSSO MUNDO

ScienciaScripts

Imprint

Any brand names and product names mentioned in this book are subject to trademark, brand or patent protection and are trademarks or registered trademarks of their respective holders. The use of brand names, product names, common names, trade names, product descriptions etc. even without a particular marking in this work is in no way to be construed to mean that such names may be regarded as unrestricted in respect of trademark and brand protection legislation and could thus be used by anyone.

Cover image: www.ingimage.com

This book is a translation from the original published under ISBN 978-620-6-71151-3.

Publisher:
Sciencia Scripts
is a trademark of
Dodo Books Indian Ocean Ltd. and OmniScriptum S.R.L publishing group

120 High Road, East Finchley, London, N2 9ED, United Kingdom
Str. Armeneasca 28/1, office 1, Chisinau MD-2012, Republic of Moldova, Europe
Printed at: see last page
ISBN: 978-620-7-61721-0

UMA INTRODUÇÃO À TEORIA DO UNIVERSO DE DOZE DIMENSÕES PARA RESTABELECER O EQUILÍBRIO DO NOSSO MUNDO

MUNDO

AUDREY KIBAMBA DE BOUANSA GARE DE LUMIERE

TRABALHO

Investigação em ondas de luz (Física Teórica e de Altas Energias) com Poesia Digital e Quântica num Espaço-Tempo de Doze Dimensões Especialidade em Epistemologia Digital e Quântica Curso de Ciências relacionadas com a Espiritualidade e a Arte Africana Apresentado em 20 de fevereiro de 2024, às 10 horas.

Na Faculdade de Ciências e Tecnologia da Universidade Marien Ngouabi em Brazzaville

Por

Audrey KIBAMBA MOUNTOU

Audrey KIBAMBA DE BOUANSA GARE DE LUMIERE
Sob a direção do Professor Basile Richard BOSSOTO Decano da Faculdade de Ciências e Tecnologia da Universidade de Marien NGOUABI, de Brazzaville E
Presidente da União Matemática Africana Com
A colaboração de Lauril LOMANGA OKANA

Diretor do Departamento de Física da Faculdade de Ciências e Tecnologia da Universidade Marien Ngouabi, Brazzaville.

E

Dick Hertmann DOUMA

Diretor do curso de Mestrado em Ciência dos Materiais e Energia na Faculdade de Ciências e Tecnologia da Universidade Marien Ngouabi, Brazzaville.

ÍNDICE

PREÂMBULO

Num mundo de complexidade, incerteza e desigualdade assustadora, os seres humanos estão a tornar-se cada vez mais desarticulados e metálicos, como os robôs gerados pela inteligência artificial. A vida assemelha-se cada vez mais a uma batalha, com as pessoas a prepararem-se para aparar os golpes, a juntarem-se, a atarem-se e a separarem-se ao mais pequeno sobressalto. Com as redes sociais, todos nós reinventamos o que não somos. Nascidos para ficarem imobilizados, com os olhos colados aos seus smartphones, os seres humanos perdem a sua virtude e tornam-se como plácidos blocos de gelo revestidos de epiderme.

Neste livro fascinante, a Professora Audrey KIBAMBA mergulha-nos num espaço de 12 dimensões. O objetivo deste espaço é permitir a cada ser desenvolver-se individualmente e viver em solidariedade com os outros. É também um benefício permanente, fruto da compreensão dos outros e da

de nós próprios. O autor evoca o tempo e o espaço, porque a história humana não se desenrola apenas no tempo, mas também no espaço. O acontecimento, à escala do indivíduo, tal como a lenta evolução das sociedades humanas, inscreve-se nas coordenadas duplas e indissociáveis do tempo e do lugar. Para mim, esta é uma obra que abraça uma filosofia de vida humanista e universalista, para não dizer intemporal, porque aproxima as pessoas sem esquecer as ciências ou as disciplinas tradicionais, essas "ferramentas" que são comummente designadas como ciências auxiliares da história. É uma obra que permite alcançar o que parece inatingível: a metamorfose do mundo num mundo mais humano e harmonioso. O mundo não é feito inteiramente de espaço vazio, e o tempo, o espaço, a matéria e a energia não existem tal como os nossos sentidos os percepcionam. A Professora Audrey KIBAMBA sublinha o desafio de ensinar uma forma de pensar capaz de ligar os conhecimentos ancestrais e contemporâneos, que estão mais do que nunca dispersos e compartimentados. O famoso físico e astrónomo Galileu foi o primeiro a matematizar a física; disse que o universo é um livro que fala em linguagem matemática. Temos de dar prioridade ao conhecimento para todos, e temos de pôr fim a este mundo de opressão e dominação que está a assolar a humanidade. Como bem disse Edgar Morin: "O ser humano é ao mesmo tempo físico, biológico, psíquico, cultural, social e histórico". Graças às suas 12 dimensões, a Professora Audrey KIBAMBA tenta construir o equilíbrio necessário entre a racionalidade e os valores espirituais, morais e culturais, no respeito mútuo entre os seres: uma vida autêntica de apego, de alegria, de amor e de exaltação; uma vida real em oposição à sobrevivência atual! O número 12 é símbolo de estabilidade, harmonia e simetria, e neste livro transmite uma inegável sensação de bem-estar e uma dimensão humana tão esperada pelos seres esquecidos... O objetivo deste espaço de 12 dimensões é resolver o enigma fascinante: O que faz o Homem na Terra? O autor propõe uma verdadeira e alegre odisseia, uma viragem intelectual e incrível que merece ser experimentada... A investigadora Audrey KIBAMBA dá resposta às questões mais actuais sobre a vida, sobre o Homem, sobre este mundo fragmentado, sobre os valores e o conhecimento, a ética e a partilha da riqueza. No fundo, o equilíbrio das sociedades e dos seres humanos depende sobretudo do equilíbrio dos continentes...Através deste espaço de 12 dimensões, o trabalho da Professora Audrey Kibamba apela a um profundo repensar da alma humana e à necessidade de centrar a vida no ser humano e não nas "coisas" inanimadas! Este espaço permite-nos sair das nossas cavernas e orienta-nos para o caminho da Luz. Um espaço mais completo que, pelo espírito que o anima, se revela um verdadeiro antídoto para a construção de um mundo onde as crianças nascem para viver felizes... Certas dimensões levam o leitor a uma viagem ascendente do terreno ao espiritual e aos génios dos nossos antepassados. Este livro é um convite a trabalhar a alma a partir do interior e não do exterior; fornece chaves e caminhos para a purificação e o esvaziamento interior. É inegável que a escrita do autor mexe com a consciência. Gostaria de terminar este prefácio com um pensamento de Platão, considerado o pai da filosofia ocidental. A obra da Professora Audrey KIBAMBA aborda este pensamento com a mesma acuidade. Platão considera que o mundo visível é apenas uma cópia imperfeita de outro mundo! O número de dimensões é 12, e este número contém uma riqueza de símbolos. Estes símbolos constituem uma linguagem misteriosa que pode permanecer obscura para aqueles que não possuem a chave. Para Platão, o poliedro regular de 12 lados representa o universo e também as 12 constelações do zodíaco. Acreditem, o livro da Professora Audrey KIBAMBA lança luz sobre todos os seres. É um livro muito aguardado por todos os que procuram compreender e antecipar os desenvolvimentos dos próximos anos. Recorrendo a várias disciplinas, a autora esboça as novas questões e equilíbrios mundiais, bem como as suas interacções. Uma tentativa intelectualmente audaciosa de garantir que o caminho da vida leva os seres a experimentar o início de uma nova humanidade, tanto individual como coletivamente.

Professor Hassan Bakhsiss

INTRODUÇÃO

Das profundezas da Constelação Algébrica e Geométrica do Grande Cão, só um cientista pode reconhecer o valor de outro cientista com base nas suas realizações e contribuições para o progresso da humanidade na universalidade da luz da razão.

O cientista é a pessoa que conhece, que compreende e que age à luz da sabedoria da razão baseada no senso comum, o princípio mais partilhado no mundo das ideias, através da coerência intelectual do pensamento matemático numa abordagem científica.

A Investigação e a Descoberta são uma paixão partilhada numa relação de destino comum à luz da sabedoria do amor através de um refinamento do pensamento. A investigação é um génio de rara qualidade cuja imaginação nos leva sempre a fazer nascer as nossas emoções que nos falam na experiência prática extraída da arquitetura da verdade verdadeira que reflecte a própria realidade.

Cada Teoria do Universo é filha do seu tempo na memória eterna das gerações cujas inteligências escapam umas às outras na folhagem do tempo. Não pode haver Teoria Científica sem Filosofia extraída da base da Espiritualidade Exotérica no saber-fazer, que deve ser acompanhada do saber-ser para redescobrir os equilíbrios do nosso mundo na interconexão entre a dimensão ondulatória e a dimensão física.

A Teoria do Universo a Doze Dimensões lança as novas bases para a revolução do pensamento matemático universal, assente na interdisciplinaridade, multidisciplinaridade e transdisciplinaridade - trunfos essenciais para o acesso ao verdadeiro conhecimento, na totalidade do conhecimento e no conhecimento da totalidade na cultura da procura da excelência da competência humana.Títulos ou diplomas de Investigação Científica não são pérolas para serem dadas aos cavalheiros da ciência como um certificado para pertencer a um clube de amigos sem o menor feito ou contribuição no campo da ciência e da literatura. Não se pode ser mestre ou doutor na teoria de outra pessoa. Isso não é possível. Um doutor é apenas alguém que escreveu uma tese original com a capacidade intelectual de produzir novos conhecimentos que contribuam para o progresso da humanidade. Por isso branqueei as minhas noites até transformar a escuridão do universo no combustível do dia numa encosta de suor na perseverança e prudência do tempo. Onde as noites choram como luas e as estrelas como totens.

Cheguei então à conclusão óbvia de que cada universo não é mais do que desordem, ligada à ordem pela realidade do espaço-tempo. É isto que justifica o facto de, em todos os universos, as coisas estarem ligadas umas às outras e em relação matemática com uma terra móvel de topografia.

Restabelecer o equilíbrio do nosso mundo significa resolver os problemas associados ao aquecimento global na Teoria da Desordem, utilizando as fórmulas da nova matemática pura da natureza.

A ineficácia das universidades africanas na inovação, invenção e criação da mente leva-nos a redefinir a função das nossas universidades na investigação e descoberta que contribuem para o desenvolvimento das nações.

Nos Estados Unidos, por exemplo, são as universidades que fazem as descobertas. E no Dubai foi uma universidade que construiu o seu satélite. É por isso que a contribuição das universidades é necessária e indispensável nas novas políticas de desenvolvimento das nações. Por isso, não fazemos investigação pessoal apenas para mergulhar no erário público em nome do culto do ventre.

Mas fazer parte da história dos homens raros e livres, graças ao poder do pensamento matemático refletido no ecrã do espaço-tempo. Conseguir inscrever o seu nome nos anais da história universal é o sonho dos homens que acordam cedo para terem os pássaros à sua volta como interlocutores. O futuro de África repousa sobre os ombros dos seus melhores filhos que pensam sempre em grande para fazer grande por África e pela África na cultura da procura da excelência nas competências dos homens raros.A investigação sobre as Ondas de Luz através da Poesia Quântica e Digital leva-nos a uma grande viagem de descoberta do universo a doze dimensões, através da grande inteligência da nossa capacidade intelectual de observar a luz e a sua sombra, a imagem e o seu reflexo, através da realidade da simetria, para restabelecer a interligação entre a dimensão ondulatória e a dimensão física, através da poesia da Imagem Científica.Os princípios do universo de doze dimensões constituem os fundamentos profundamente científicos desta nova teoria, proporcionando uma ligação perfeita entre dois sistemas (ondulatório e físico) que se complementam na perfeição.

Esta Teoria do Universo a Doze Dimensões é uma das grandes descobertas do milénio, atravessando a filosofia, a literatura, a física clássica e quântica, a matemática, sobretudo a lógica matemática, e a espiritualidade.

Uma Teoria de Tudo. Um graal virado para o sagrado feminino para fazer soar a nova génese do homem na inovação, na criatividade e na espiritualidade levando ao desenvolvimento das nações com base na investigação e na descoberta de forma original e autêntica sem o mínimo plágio do que existe. Embora saibamos que as coisas novas se constroem a partir do que já existe. Devemos sempre ir além do que existe para trazer uma nova originalidade como contribuição para o progresso da humanidade sem fronteiras de cor.

Para qualquer nova teoria, a coerência da abordagem científica é suficiente para lhe conferir validade. Cabe agora à humanidade confirmá-la ou refutá-la com um exemplo retirado da experiência prática, baseado na arquitetura da verdade verdadeira que reflecte as analogias naturais. Um exemplo palpável, também apoiado pelo Professor Paul YOTCHO, é o estudo das probabilidades, que permanece coerente na sua abordagem científica matemática, mas a experiência prática sempre mostrou que estas leis probabilísticas nem sempre são bem fundamentadas. No entanto, as pessoas mal orientadas não podem pôr em causa uma teoria sem ter a mínima capacidade intelectual para a compreender primeiro e para ver os seus limites no tempo e no espaço através da experiência prática retirada do solo experimental com base no princípio da navalha de OCCAM.

Os funcionários públicos universitários (professores) nem sempre são capazes de compreender uma teoria recém-construída de forma interdisciplinar, multidisciplinar e transdisciplinar, essencial para o acesso ao verdadeiro conhecimento na capacidade intelectual de entender as coisas à luz da sabedoria do senso comum.

O Professor Hassan BAKHSISS considera que as teorias mais audaciosas da ciência são o espaço-tempo quântico, os universos paralelos, a teoria das cordas e as partículas elementares: o bosão de Higgs, os neutrinos, o modelo padrão das partículas, etc. Existe, portanto, uma diferença entre um professor e um investigador profissional. O facto de ensinar na universidade não faz de si um investigador ou um cientista, e muito menos um que detenha o monopólio do conhecimento ou mesmo a capacidade intelectual de compreender todos os novos conhecimentos em autoeducação. O investigador é o homem da descoberta, em constante diálogo com a natureza com base na intuição e na astúcia matemática, através de um refinamento do pensamento que se reflecte na tela do espaço-tempo. Receber o batismo da investigação é estar a caminho da capacidade intelectual de fundir a espiritualidade moral com a espiritualidade exotérica para formar uma entidade única na dimensão doze, sede da fusão e da unificação das coisas no universo da derivação digital e da integração no espaço.

É o lado exotérico da ciência (espiritualidade) que fornece naturalmente os mistérios da investigação na descoberta. Assim, a ciência ou a pesquisa não é prerrogativa do homem comum. A palavra de um iniciado, o mel dos escolhidos das entranhas mais profundas das estrelas.

Os nossos sentidos não são uma ciência exacta; conduzem-nos constantemente à ilusão. Grandes investigadores como Einstein, Schrödinger, Bohr, Planck, Broglie e muitos outros revolucionaram a nossa perceção da realidade. A seta do tempo que vai apenas do passado para o presente e para o futuro é apenas uma ilusão; as equações fundamentais da física não excluem a sua reversibilidade. A investigação científica é uma questão de realidades, de visão e de orientação, de plano e de estratégia, sem esquecer as realizações e os contributos com base nos quais cada um de nós será julgado pelo futuro à luz universal da razão. Cada século é como um ser humano que precisa de ser alimentado. O século só pode ser alimentado pela inovação, invenção, criatividade e espiritualidade. É por isso que o juramento científico nos proíbe de viver ao acaso num século sem encontrar algo que o alimente. Os investigadores são sempre criadores. Ele é um artista do universo no seu saber-fazer, que acompanha naturalmente com o seu conhecimento de como domar a natureza com os gritos da eternidade através de um refinamento do pensamento matemático que se reflecte no ecrã do espaço-tempo.

CAPÍTULO I

O QUE É A TEORIA DO UNIVERSO DE DOZE DIMENSÕES?

Enquanto tentamos compreender uma teoria do universo, outra aparece para mudar o curso da história com novas revelações. Isso significa que ainda estamos muito longe de entender e conhecer todos os segredos e mistérios do universo inteligente.

A teoria do universo de doze dimensões nasce naturalmente da nossa capacidade intelectual de observar a luz e a sua sombra, a imagem e o seu reflexo, através da realidade da simetria extraída da experiência prática na arquitetura da verdade verdadeira, através de um refinamento do pensamento matemático que se reflecte no ecrã do espaço-tempo.

Esta nova teoria, conhecida como o universo de doze dimensões, é uma grande observação, inteligível a partir de uma silhueta na sombra da luz do sul. A partir daí, compreendi, por experiência, que é a sombra que faz existir a luz. Assim, a luz que está acoplada à sua sombra é função de uma inteligência de fusão e de unificação das coisas no universo para encontrar o seu equilíbrio a partir da imagem e do seu reflexo pela realidade da simetria.

São as dimensões Ondulatória e Física que estabelecem uma junção perfeita na interligação entre a luz e a sua sombra; assim, a imagem e o seu reflexo através da realidade da simetria reabilitam-se no teorema da perfeição onde qualquer número inteiro positivo que soma tantas vezes quanto ele próprio é igual à sua segunda potência. Por exemplo: somemos 3 vezes a si próprio. Temos 3+3+3. Agora 3+3+3= 3^2 . Logo, 3^2 =3X3=9. Portanto, 9 é a segunda potência de 3. Logo, 3 é um quadrado perfeito. E a relação entre a imagem e o seu reflexo está perfeitamente estabelecida nesta demonstração matemática pela realidade da simetria. Assim, cada um de nós é o reflexo da imagem que somos no mundo do além, para ser reabilitado neste mundo sensível pela imagem e o seu reflexo através da realidade da simetria. Ora, o que faz o homem é o real e o virtual que se fundem para formar uma única entidade. É isto que me leva a demonstrar matematicamente que o homem é um universo contido em si mesmo que ele descobre quando tenta compreender a realidade com base no teorema da perfeição através da realidade da simetria. O homem é uma simetria entre o real e o virtual na dimensão doze.

A investigação das ondas luminosas através do prisma da Poesia Digital e Quântica leva-nos à descoberta do universo maior, de doze dimensões, que se estende do infinitamente pequeno ao infinitamente grande, sede da fusão e da unificação das coisas no universo da derivação digital e da integração no espaço.

A particularidade deste espaço-tempo de doze dimensões é que o tempo é uma constante num sentido ou noutro e está ligado ao espaço. Toda a inteligência temporal é uma função da inteligência espacial.

Assim, o tempo está contido no espaço, expresso matematicamente pela seguinte relação: d=ct; ou seja, Cxt. Assim, a celeridade multiplicada pelo tempo cria um espaço de fusão pela técnica do agrimensor na abrangência temporal de cordas ou marcos.

Ora, de um modo geral, o universo de doze dimensões é a transposição temporal dos marcadores de século no conceito de ponto e de simetria axial em relação ao universo de Minkowski pela luz do espírito, que elimina o tempo numa demonstração matemática para compor apenas com números e espaço, ou seja, um sistema duplo de pontos de referência reais e virtuais em relação a um espelho imaginário iluminado, utilizando um estilo de derivação e de integração digital no espaço. Por outras palavras, o encontro da sombra e da luz, a fusão da luz do espírito e da matéria num movimento criativo.

Por conseguinte, a Relatividade Especial e a Relatividade Geral estão contidas no espaço-tempo maior e mais vasto das doze dimensões, sede da fusão e da unificação para restabelecer o equilíbrio do universo, do infinitamente pequeno ao infinitamente grande. E em relação à Terra.

Este espaço-tempo de doze dimensões é a simplicidade e a complexidade do mundo, por um lado, e a unidade e a diversidade do mundo, por outro, onde toda a criação é musicalidade, um levantamento circular do universo com a Terra a girar sobre si mesma.

É um espaço de correlação entre Ciência, Espiritualidade e Arte na Investigação e Desenvolvimento, cujo objetivo é ligar a ciência à espiritualidade e à arte com base na razão contida na emoção. Pois toda a inteligência racional é uma função da inteligência emocional. Assim, a razão contida na emoção é a sede da ciência na experiência prática.

O espaço-tempo de doze dimensões é o universo do restabelecimento do casamento entre a inovação e a criação do espírito na espiritualidade que nos conduz à produtividade de novos conhecimentos, essenciais para o crescimento das nações africanas no génio inventivo e criativo em relação matemática com as necessidades reais. É uma fusão de dois cones de luz e de escuridão, cujo objetivo é restabelecer a ligação entre a ciência, a espiritualidade e a arte na investigação e no desenvolvimento. Este espaço exige também uma fusão numa pirâmide quadrangular cujos lados são rectângulos triangulares cuja rotação num sentido gera um círculo transcendente e ascendente na luz que se acopla à sua sombra, à imagem e ao seu reflexo através da realidade da simetria.

O espaço-tempo de doze dimensões é, portanto, o cruzamento de pontos de referência num novo quadro de referência onde o corpo e a mente se fundem em quatro pontos transcendentes, chamados horizontes ou o ponto de intersecção do círculo e do quadrado inscrito.

O espaço-tempo a doze dimensões liga a ciência à espiritualidade e à arte, cujas palavras são algoritmos que contêm energia, que cria a matéria do vazio. Existir no espaço-tempo a doze dimensões é estar fora de si próprio em direção a alguém que não é ele próprio.

A teoria do universo de doze dimensões leva-nos para fora do sistema físico e para um sistema de ondas. Esta invenção é uma parte de mim retirada do solo experimental, com base no princípio da navalha de OCCAM, que estou a oferecer um presente maravilhoso à humanidade, à medida que esta avança no ecrã do espaço matemático. Uma teoria de tudo, um graal virado para o sagrado feminino para fertilizar o milénio através da inovação, da invenção, da criatividade e da espiritualidade, conduzindo-nos ao crescimento da dimensão doze de uma economia forte de defesa e segurança para a soberania continental de África.

CAPÍTULO II
OS FUNDAMENTOS DA TEORIA DO UNIVERSO DE DOZE DIMENSÕES

O espaço-tempo de doze dimensões é um universo cujos fundamentos são retirados do solo experimental das ciências antropológicas, filosóficas, cognitivas e exactas...

Os tijolos que formam a espinha dorsal da Teoria do Universo de Doze Dimensões são ligas derivadas das excursões transdisciplinares criativas da alma das civilizações dos povos negros nas suas versões mais realizadas desde a antiguidade até aos nossos dias.

Os fundamentos do espaço-tempo de doze dimensões são, antes de mais, espirituais, científicos e artísticos, provenientes da investigação da Onda de Luz através das lentes da Poesia Digital e Quântica na primeira relação fundamental da topografia, $L=l+d$.

Com base no princípio da navalha de OCCAM, temos os seguintes princípios:

-Tudo o que aparece à mente humana é a expressão de uma realidade;

-Toda a realidade está contida num espaço-tempo preciso;

O espaço-tempo físico tetradimensional está contido no espaço-tempo tetradimensional;

-Todo o espaço-tempo é a sede da energia, da memória e da inteligência;

-Todos os seres são regidos por leis científicas universais;

-Todos os seres são sistemas dinâmicos controlados;

-Toda a inteligência racional é uma função da inteligência emocional;

O espaço-tempo de seis dimensões está contido no espaço-tempo de doze dimensões.

Estes princípios são, de facto, teoremas fundamentais, proposições que devem ser provadas cientificamente.

CAPÍTULO III

TEOREMAS FUNDAMENTAIS DA TEORIA DO UNIVERSO DE DOZE DIMENSÕES

Para uma melhor compreensão do nosso estudo, pretendemos apresentar as provas das afirmações científicas que constituem a arquitetura da nossa Teoria do Universo a Doze Dimensões.

Primeiro teorema fundamental

I- Tudo o que aparece à mente humana é a expressão d e uma realidade.

Demonstração:

Sabemos que :

Tudo o que aparece à mente é pensamento.

1- O cérebro é a sede do pensamento, materializado por sinais electroquímicos.

2- O cérebro tem áreas especializadas e/ou memórias de longo e curto prazo para receber e processar imagens, sons, emoções, cheiros e outras informações.

3- Todas as informações cerebrais conscientes ou inconscientes (sonhos, pensamentos, exercícios mentais, etc.) são mensuráveis ou observáveis (registadas por técnicas de imagem cerebral como a tomografia por emissão de positrões ou a ressonância magnética nuclear).

4- Tudo o que aparece na mente é registado pelo cérebro sob a forma

19

de sinais electroquímicos que podem ser detectados através de técnicas de imagiologia cerebral.

Factos: 1, 2, 3 e 4. Agora

5- Tudo o que é detetável é mensurável e objetivamente observável reflecte uma realidade física.

Assim

6- Tudo o que aparece à mente humana é a expressão de uma realidade

Segundo teorema fundamental

I- Toda a realidade está contida num espaço-tempo específico.

Demonstração:

A partir de uma leitura epistemológica do Primeiro Teorema Fundamental, verifica-se que :

1- Uma realidade é um universo ou espaço apresentado aleatoriamente à mente num determinado intervalo de tempo.

Uma estruturação espácio-temporal dos vectores das quatro forças conhecidas no universo (interação gravitacional, interação electromagnética, interação fraca e interação forte) mostra que :

2- Qualquer partícula associada a um campo de forças vive num espaço-tempo extremamente preciso.

Por outro lado, a observação de relógios (atómicos, biológicos, quânticos) verificamos que :

3- Não há tempo sem movimento.

4- Não pode haver movimento regular de um objeto sem que uma força actue sobre ele.

5- Não há força sem leis precisas, conhecidas ou desconhecidas, sem um espaço-tempo preciso.

6-A estabilidade dos universos depende da pressão espaço-temporal dos fenómenos naturais.

7-Toda a realidade não está contida num espaço-tempo preciso. Assim

As proposições: 6.5, 4, 3 e 2 são falsas. O que confirma a demonstração.

Terceiro teorema fundamental

O espaço-tempo tetradimensional está contido no espaço-tempo tetradimensional.

Demonstração:

Sabemos que o espaço-tempo quadridimensional **E44 é** expresso matematicamente pela seguinte relação.

1)$E44 = \{x, y, z, iict\}$

Sendo X, Y, Z coordenadas espaciais e $iict$ a coordenada de tempo, onde $c = 300.000.000\ m/s$ representa a velocidade da luz no vácuo; $i = \sqrt{-1}$ um imaginário puro e t o tempo.

Ouro

A luz é propaga-se geralmente no espaço-tempo no espaço-tempo tridimensional.

$E33 = \{xx, yy, zz\}$. Vetor de velocidade.

A celeridade pode ser dividida em três componentes: c_x; c_y; c_z Daí a fórmula

2)$C = c_x + c_y + \mathbf{c_z}$. Soma vetorial das componentes anteriores. **Daí**

3) $ICt = i(C_x + C_y + C_z)t$

A expressão 3. Mostra que a quarta coordenada ICt é uma quantidade vetorial que pode ser decomposta em três componentes imaginárias:

$iicxt$; $iic_y\ t$; $iiczt$.

Consequentemente, o espaço-tempo quadridimensional E_{44} está contido num espaço-tempo de seis dimensões. Por outras palavras

$4)_{66}$ $E = \{xx,\ yy,\ zz,\ iic_x\ t,\ iic_y\ t,\ iic_z\ t\}$Isto confirma a demonstração.

Quarto teorema fundamental

I- Todo o espaço-tempo é o lar da energia, da memória e da inteligência. Dividir esta proposição complexa em três componentes ou proposições simples.

1- Todo o espaço-tempo é a sede da energia;

2- Todo o espaço-tempo é a sede da memória;

3- Todo o espaço-tempo é a sede da inteligência.

Demonstração 1 :

Todo o espaço-tempo é a sede da energia.

Sabemos por experiências de física quântica que :

1- O vácuo contém energia (pode ser criada matéria no vácuo, efeito CASIMIR)

2- Existe uma energia mínima em qualquer sistema físico.

Daí que

$E0 = 6.626.\ 10^{-34}\ j$

Ouro

3- Todo o espaço-tempo (considerado como estendido sem matéria) é um sistema físico.

Assim

4- Todo o espaço-tempo é a sede da energia.

Este espaço-tempo não vazio é designado por espaço-tempo energético.

Demonstração 2 :

Sabemos que

1- Todo o espaço-tempo é energia espaço-temporal (ver demonstração 1).

2- A energia pode ser transformada em matéria e a matéria em energia, de acordo com a fórmula de Einstein:

$E = MC^2$ Isto dá a relação de equivalência.

3- Energia espaço-temporal = Matéria espaço-temporal

Ouro

4- Toda a matéria obedece a uma ou mais leis da física.

5- Não há obediência sem substância.

Assim

6- Toda a energia-espaço-tempo ou matéria-espaço-tempo tem uma memória.

7- Espaço-tempo-energia-memória é o conceito que exprime esta realidade.

Demonstração 3 :

Todo o espaço-tempo é a sede da inteligência.

É perfeitamente óbvio que :

1- Não existe inteligência sem algoritmos.

2- Não existe algoritmo sem cálculo.

3-Não há cálculo sem memória.

4-Não há cálculo sem lei.

5-Não há leis sem linguagem.

6-Não existe língua sem sintaxe.

7-Não existe sintaxe sem semântica.

8-Não há semântica sem inteligência.

Se todo o espaço-tempo não é a sede da inteligência. Então

9-Não há semântica, sintaxe, linguagem, cálculo ou memória em nenhum universo. O que é contraditório.

Assim

Todo o espaço-tempo é a sede da energia, da memória e da inteligência. Isto confirma a demonstração.

Quinto teorema fundamental

I- Todos os seres estão sujeitos a leis científicas universais, tanto conhecidas como desconhecidas.

Demonstração:

A física moderna ensina-nos que :

1-O universo está sujeito a quatro leis ou forças.

A existência da matéria está ligada ao equilíbrio destas quatro forças:

2-A interação gravitacional assegura a estabilidade dos corpos celestes.

3-A interação electromagnética estabiliza os electrões em torno dos núcleos atómicos.

4- A interação fraca controla a atividade radioeléctrica.

5- A interação forte assegura a coesão dos protões e neutrões nos núcleos dos átomos.

Ouro
6- Um reino pode ser mineral, vegetal, animal ou simbólico.

Assim
7- Todos os seres do universo visível ou invisível estão sujeitos a leis conhecidas ou desconhecidas.
8- A existência da matéria negra e da misteriosa energia que constitui cerca de 95% da massa do universo está sujeita a leis desconhecidas.

Sabemos também que :
9- Todos os sistemas de informação estão sujeitos a leis científicas universais de organização, tanto conhecidas como desconhecidas.

Ouro
 Todos os seres minerais, biológicos, sociais e simbólicos, mentais ou orgânicos, são sistemas de informação.

Assim
Todos os seres estão sujeitos a leis científicas universais. Isto confirma a demonstração.

Sexto teorema fundamental

I- Todos os seres são sistemas controlados.

Demonstração:

Assumir que :

1- Nem todos os seres são sistemas controlados.

Sabemos que :

2- Cada sistema controlado tem uma memória de dados e de programas.

3- Um sistema controlado é um ciclo de feedback.

4- Um programa é uma sequência ordenada de instruções ou leis.

5- As partículas elementares, os átomos e as moléculas obedecem a leis universais desconhecidas da física.

6- A matéria negra ou invisível ou a misteriosa energia negra obedece a leis desconhecidas da física.

7- Tudo o que está sujeito à lei é ordenado.

8- Todos os seres são sistemas dinâmicos sujeitos às leis da organização.

Se a primeira proposta estiver correcta.

Então..,

Os factos reflectidos nas propostas :

8, 7, 6, 5, 4, 3, 2, 1, são falsas. O que é contraditório.

CAPÍTULO IV
OS COROLÁRIOS DA TEORIA DO UNIVERSO DE DOZE DIMENSÕES

Para uma melhor compreensão do nosso estudo, acreditamos que podemos contribuir com proposições imediatamente derivadas de outra, que contribuem para a construção da nossa Teoria do Universo de Doze Dimensões.

Primeiro corolário fundamental

I- Toda a espiritualidade tem as suas raízes na humanidade.

Demonstração:

Sabemos que :

Toda a espiritualidade está no domínio do pensamento.

1- A ciência é um refinamento do pensamento comum que incorpora uma espiritualidade dos povos.

Ouro

2- Não há ciência, não há humanidade, sem espiritualidade.

3- Não pode haver ciência sem poesia, que reflecte a espiritualidade dos povos.

4- Toda a espiritualidade é a expressão da alma de uma civilização.

Assim

5- Toda a espiritualidade é raiz da humanidade.   O que confirma a demonstração.

Segundo corolário fundamental

I- Todas as transformações nos reinos animal, mineral, vegetal e simbólico obedecem a leis físicas universais conhecidas ou desconhecidas.

Demonstração:

Assumir que :
Nem todas as transformações nos reinos animal, mineral, vegetal e simbólico obedecem a leis físicas universais conhecidas ou desconhecidas.

Sabemos que :
1- Cada transformação tem uma memória de dados com um sistema operativo.
2- Uma transformação é um sistema de informação ordenado que obedece a leis universais conhecidas ou desconhecidas da física.
3- Tudo o que está sujeito à lei é ordenado.

4- Tudo nos reinos animal, mineral, vegetal ou simbólico é um sistema dinâmico sujeito a leis.
Se estas proposições ou corolários forem falsos.
Assim

O que é contraditório.

Terceiro corolário fundamental

I- Todo o poder totémico é a expressão d e uma transformação dinâmica sujeita a leis físicas conhecidas ou desconhecidas.

Demonstração:

Sabemos que :

Todo o poder totémico é uma transformação que tem um sistema de exploração controlado, seja no reino animal, mineral, vegetal ou simbólico.

1- Todos os totens são transformações físicas regidas por leis universais conhecidas ou desconhecidas.

2- Um totem é uma energia com uma memória e uma inteligência para uma transformação controlada.

Ouro

3- Os totens são seres dos reinos animal, mineral, vegetal e simbólico que estão sujeitos a leis científicas universais conhecidas e desconhecidas.

Assim

Todo o poder totémico é a expressão de uma transformação dinâmica sujeita a leis físicas conhecidas ou desconhecidas. Isto confirma a demonstração.

CAPÍTULO V

CONSTRUÇÃO DA TEORIA DO UNIVERSO DE DOZE DIMENSÕES ATRAVÉS DA LUZ E DA SOMBRA, DA IMAGEM E DO SEU REFLEXO ATRAVÉS DA REALIDADE DA SIMETRIA

Sabemos que o espaço-tempo de doze dimensões provém da luz, que está naturalmente acoplada à sua sombra, à imagem e ao seu reflexo através da realidade da simetria. Este universo dito doze-dimensional mergulha-nos num sistema físico para nos aproximarmos de um outro sistema dito ondulatório no encadeamento temporal de marcos ou cordas utilizando a técnica do agrimensor para nos reabilitarmos no teorema da perfeição onde qualquer número inteiro positivo que se some tantas vezes quanto ele próprio é igual à sua segunda potência. O espaço-tempo de doze dimensões é a sede da fusão e da unificação das coisas no universo da derivação digital e da integração no espaço. Este universo de doze dimensões é uma realidade derivada da experiência prática baseada na grande observação inteligível da luz, que é acoplada à sua sombra, imagem e reflexo através da realidade da simetria, e que se estende naturalmente do universo do infinitamente pequeno ao infinitamente grande na passagem temporal dos marcadores de século no conceito de simetria pontual e axial, comparado com o universo de Minkowski pela luz da mente que elimina o tempo numa demonstração matemática para se compor apenas com números e espaço. Por outras palavras, um sistema duplo de pontos de referência reais e virtuais em relação a um espelho imaginário iluminado, utilizando um estilo de derivação e integração digital no espaço. Por outras palavras, a aproximação da sombra e da luz e a fusão da luz do espírito e da matéria num movimento criativo. É também a fusão do universo racional e do universo emocional para formar uma única entidade.A razão está contida na emoção, a sede do consciencialização e da inteligência na experiência prática experiência prática. Toda a inteligência racional é uma função da inteligência emocional. Vamos construir um espaço-tempo de doze dimensões através da extensão temporal dos pontos de referência ou cordas da relatividade especial e depois da relatividade geral, da relação fundamental da agrimensura e do teorema da perfeição através da luz acoplada à sua sombra, da imagem e do seu reflexo através da realidade da simetria.I- O espaço-tempo de quatro dimensões (relatividade especial) está contido no espaço-tempo de seis dimensões (relatividade geral).

Demonstração:

Sabemos que o espaço-tempo quadridimensional **E44 é** expresso matematicamente pela seguinte relação.

5)$E44 = \{x, y, z, iict\}$

X, Y, Z sendo coordenadas espaciais e $iict$ a coordenada temporal, onde $c = 300.000.000\ m/s$ representa a velocidade da luz no vácuo ;
$i = \sqrt{-1}$ um imaginário puro e t o tempo. Agora
A luz é   propaga-se geralmente no espaço-tempo à tridimensionalidade do espaço-tempo.

$E33 = \{xx, yy, zz\}$. Vetor de velocidade.

A celeridade pode ser dividida em três componentes: C_x; C_y; C_z Daí a fórmula

6)$C = C_x + C_y + \boldsymbol{Cz}$. Soma vetorial das componentes anteriores.

Daí que

7)$ICt = i(C_x + C_y + C_z)t$

A expressão 3. Mostra que a quarta coordenada ICt é uma quantidade vetorial que pode ser decomposta em três componentes imaginárias:

$iicxt$; $iicy\,t$; $iiczt$.

Consequentemente, o espaço-tempo quadridimensional E_{44} está contido num espaço-tempo de seis dimensões. Por outras palavras

8) $_{66}E = \{xx,\ yy,\ zz,\ iic_x\,t,\ iic_y\,t,\ iic_z\,t\}$

Isto confirma a demonstração.

O espaço-tempo de seis dimensões está contido no espaço-tempo de doze dimensões pela luz que está acoplada à sua sombra, à imagem e ao seu reflexo pela realidade da simetria.

Eis como funciona.

Qualquer número inteiro positivo que soma tantas vezes quanto ele próprio é igual à sua segunda potência. Este é o teorema da perfeição. Por outras palavras, a luz e a sua sombra, a imagem e o seu reflexo, através da realidade da simetria. Ora, o homem é uma simetria entre o real e o virtual, fundindo-se para formar uma única entidade. Por isso, no mundo do além tudo é perfeito, o quadrado é perfeito, o cavalo é perfeito. Assim, o mundo sensível é apenas uma fotocópia aproximada do mundo do além na experiência física, a ser reabilitada no teorema da perfeição onde qualquer número inteiro positivo que soma tantas vezes quanto ele próprio é igual à sua segunda potência.Assim, cada um de nós é o reflexo da imagem que somos no mundo do além através da luz que se acopla à sua sombra através da realidade da simetria.

Cada silhueta é uma função da luz. É uma parte da luz que geralmente se propaga no espaço-tempo tridimensional. Portanto, a luz precisa da sombra para existir. Porque não há luz sem sombra e não há sombra sem luz. A sombra é o combustível da luz em relação matemática com o real e o virtual. Ou seja, reflexos ou contra-reflexos; contra-reflexos ou reflexos de derivação e integração digital no espaço. É a fusão das coisas para formar uma única entidade entre o material e o imaterial no conceito de ponto e de simetria axial.

Cône lumineux			*Cône ténébreux*
33			$33'$
0	y		$0\ y'$
x			x'
$x, y, z, iict$ $iicxt, iicyt, iiczt$ x, y, z, XX, Y, Z			$x', y', z', iic't$ $iic'xt, iic'yt, iic'zt$ x', y', z', XX', Y', Z'
		Fusion des répères réel et virtuel	

$$E12 = x, y, z, iicxt, iicyt\ iiczt, x', y', z', iic'xt, iic'yt, iic'zt.$$

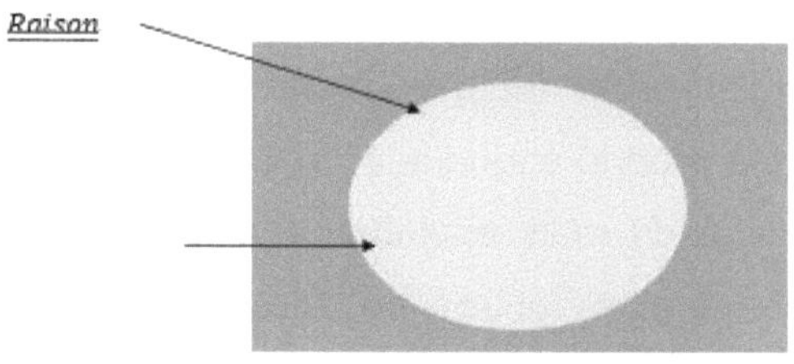

Fusion des univers rationnel et émotionel

$R \subset E$

A CORRELAÇÃO ENTRE CIÊNCIA, ESPIRITUALIDADE E ARTE NA INVESTIGAÇÃO E DESENVOLVIMENTO

A missão do espaço-tempo de doze dimensões é conduzir-nos à construção de um novo mundo da economia do pensamento, do tempo e do espaço na correlação entre a ciência, a espiritualidade e a arte na investigação e no desenvolvimento. O objetivo do espaço-tempo de doze dimensões é ligar a ciência, a espiritualidade e a arte de modo a formarem um único todo num único universo maior, que se estende do infinitamente pequeno ao infinitamente grande na medição da distância e da direção, da velocidade da luz no vácuo, da fixação das energias e do posicionamento das partículas no contínuo espaço-tempo.O mundo da economia do pensamento, do tempo e do espaço é o da poetização e da espiritualização do comportamento do homem em relação ao sagrado, através de um refinamento do pensamento matemático num sistema dual com os dois cones da luz e das trevas, a reabilitar no teorema da perfeição, onde qualquer número inteiro positivo que soma tantas vezes que ele próprio é igual à sua segunda potência. É aqui que o homem se torna ainda mais espiritual e altruísta, pensando sempre bem e justamente para os outros no ecrã do espaço matemático.O espaço-tempo de doze dimensões é a fusão entre a ciência e a arte na espiritualidade, cujo objetivo é ensinar-nos a razão na elegância da arte que reflecte as nossas observações e sentimentos contidos no ADN do nosso ambiente sócio-cultural; onde estamos condenados a dar contributos para a progressão da humanidade.O espaço-tempo de doze dimensões significa também reorganizar o mundo da investigação e do desenvolvimento num novo quadro de referência. a transmissão do conhecimento a partir do terreno experimental sobre a arquitetura da verdade, que é um grande problema em África. A espiritualidade é a chave da Investigação e da Inovação que conduz ao desenvolvimento baseado na produtividade e na criatividade da cultura e da arte. A espiritualidade manifesta-se sempre na cultura de um povo e exprime-se na arte para desencadear o génio inventivo e criativo em relação matemática com a necessidade real. Todas as invenções científicas, técnicas, tecnológicas e mesmo artísticas são naturalmente um resultado da espiritualidade na experiência prática extraída do solo experimental. Assim, toda a criação artística é uma representação espiritual materializada na necessidade real por génios inventivos e criativos.

A espiritualidade é a luz do espírito, ou mesmo um plano espiritual que se manifesta em nós através de imagens, que temos de captar por meio de uma onda de luz com riscas de zebra e refractada com base na intuição e na astúcia matemática.

O papel da intuição é revelar-nos a natureza das imagens captadas pela onda de luz durante a manifestação de um plano espiritual dentro de nós. A astúcia matemática, por outro lado, é a materialização em tempo real das imagens captadas pela onda de luz e depois reveladas pela intuição num diálogo permanente entre a natureza e o homem. Assim, a astúcia matemática é o génio inventivo e criativo.

Por conseguinte, a onda de luz zebrada e refractada é uma energia cósmica captadora de imagens que se manifesta em nós através de um refinamento do pensamento baseado na intuição e na astúcia matemática para restabelecer a ligação entre a natureza e o homem através do canal da espiritualidade ou do plano espiritual. Assim, a Investigação Científica é a capacidade intelectual de compreender, de questionar e de fazer reagir a natureza para que ela se revele a nós com base na intuição e na astúcia matemática num diálogo permanente entre a natureza e o homem. A espiritualidade é a única ponte que pode existir entre a ciência e o homem para imitar fielmente a natureza na sua configuração autêntica que reflecte as analogias naturais na arquitetura da verdade. Nenhum conceito pode ser definido com exatidão sem o mínimo diálogo com a natureza extraído do solo experimental. É através da experiência que o homem consegue descobrir a verdade, cujo erro é um instrumento de aprendizagem permanente que nos conduz naturalmente à escola do conhecimento onde todos somos aprendizes no vazio da natureza, no passo das variedades diferenciais com dimensões fractais. O espaço-tempo de doze dimensões ajuda-nos a compreender o significado profundo do universo e a correlação entre ciência, espiritualidade e arte na investigação e desenvolvimento. E determinar matematicamente a sua ligação com o espaço que nos rodeia, que nos transporta. A minha busca científica, aplicada à Poesia Digital e Quântica num espaço-tempo de doze dimensões, consiste em redescobrir os nossos antepassados, reconhecer o caminho percorrido pela humanidade africana e devolver-lhes o seu poder sobre as nossas vidas modernas.

A poesia não é uma canção cantada a partir de dentro com instrumentos do coração. Pelo contrário, são as emoções que nos falam numa forma silenciosa de escrita que mata a linguagem com o passo de variedades diferenciadas.

A poesia é a fonte de onde brota o impulso científico de filosofar para compreender o livro da natureza escrito na linguagem da matemática fractal da natureza pura. Por outras palavras, um primitivo da função derivada da ciência na memória do universo. A poesia é a matriz de todas as ciências ligadas à espiritualidade e à arte, que devem fecundar o milénio com a inovação da investigação e do desenvolvimento baseados na produtividade e na criatividade. Não se pode fazer investigação ou ciência se não se estiver em sintonia com a poesia como fundamento da emoção, sede da consciência e da inteligência; dos nossos pensamentos e ideias; dos nossos sentimentos e observações; das nossas acções e impressões... que o cérebro realiza em ação pensante. A poesia é também a verdadeira sede da ciência na história do pensamento cultural africano, na África profunda das pirâmides. Os grandes cientistas são sempre grandes poetas, naturalmente imersos num universo racional e emocional em fusão, para se tornarem um só na unificação das coisas, da derivação à integração. Assim, a poesia é uma inteligência racional e emocional dentro de nós para compreender o universo e a sua linguagem em formas e números, do primitivo ao derivado ou do derivado ao primitivo e depois a integração num espaço-tempo maior e mais vasto que se estende do infinitamente pequeno ao infinitamente grande. A poesia é a tradição dos iniciados, a guardiã da cultura de um povo. A tradição é a própria essência da ciência pela luz da mente. É a nossa identidade histórica e cultural na história do pensamento cultural africano. A poesia é a ciência dos iniciados na sua dimensão espiritual, a rainha das ciências e sua serva, a arquitetura da realidade na experiência prática. Mas é lançar um grito da eternidade numa página para se reconstruir no fundamento da memória da escrita. Assim, a Poesia da Imagem Científica num espaço-tempo de doze dimensões é uma fusão da ciência com a espiritualidade e a arte africana para formar uma só na interdisciplinaridade e na inovação. Onde a razão está contida na emoção. O universo começou com, e a electromagnética foi. As nossas afirmações poéticas precisam de ser reformuladas pelas disciplinas científicas. A mente é o centro de suspensão vibratória, onde pode nascer uma forma diferente de pensar, uma visão diferente do mundo que parece ser uma visão de um outro mundo. A poesia tem a capacidade de despoletar um elo aberto dentro do que é, em que tudo é diferente do que habitualmente é, e ao mesmo tempo se revela como o que é num espaço-tempo de fusão e unificação. A poesia procura encarnar o universo não-teleológico que a ciência sugere. A poesia digital e quântica explora os estados em que somos impelidos, transformados e sublimados para um novo quadro de referência; onde o poeta do meio-dia apresenta uma (pré-)observação que não pretende englobar o que percepcionou, nem atribuir-lhe um significado específico. existência separada fora do campo morfo-poético de um emaranhado de linguagem e do mundo solar.

A poesia não preenche um vazio de significado; coloca coisas num vazio que mostra as relações entre elas. A poesia cria formas através das quais nos experimentamos a nós próprios e ao nosso ambiente no universo através de um refinamento do pensamento matemático.

A poesia digital e quântica é a base de toda a linguagem. Porque uma língua é um poema em perpétua metamorfose da sombra para a luz, equilibrada por uma silhueta na sombra do meio-dia que se funde com a luz do espírito. O objetivo da poesia digital e quântica num espaço-tempo de doze dimensões é materializar ideias e dar-lhes forma numa relação matemática com a necessidade real através de um refinamento do pensamento.

A minha poesia cria uma linguagem universal de rigor algébrico, livre de imagens e da perceção espacial de toda a experiência humana no espaço-tempo da correlação entre ciência, espiritualidade e arte na investigação e desenvolvimento. A poesia da imagem científica é o casamento da ciência, da espiritualidade e da arte, que tem a capacidade de ir além das nossas representações e além da nossa intuição e astúcia matemática para imitar fielmente a natureza na sua configuração autêntica que reflecte as analogias naturais. É o casamento da álgebra, da análise e da geometria que tem o privilégio de desenvolver o pensamento para além da nossa capacidade de visualizar as coisas. A poesia da imagem científica num espaço-tempo de doze dimensões é a geometria descritiva onde a expressão algébrica a +b =c^{222} , a segunda relação fundamental da agrimensura para desenvolver formas imateriais e números para falar da realidade. Assim, existem equações com dimensões ou imagens que têm um valor performativo. O que o matemático é para o mundo material, o poeta é para a inteligência que percorre o mundo das ideias.

O poeta é aquele que tem a ambição de alcançar a vida na totalidade do seu devir para viver no tempo infinito onde as vidas são micro vórtices como energia cósmica que rodopia e circula dentro de nós em variedades diferenciais. Assim, o poeta é um turbilhão que está sempre a penetrar nos segredos e mistérios do universo inteligente.

Em física, a partícula é descrita por uma função de onda inferior (y(r)), que não pode ser visualizada. Esta função de onda é uma soma de informação expressa por um conjunto complexo de variáveis em termos de probabilidade. Na poesia da imagem científica num espaço-tempo de doze dimensões, a partícula de sentido não é nem uma palavra nem uma imagem, mas sim um gesto fónico que tende para o devir, uma expetativa que se abre para a globalidade das relações. O comportamento quântico só pode ser observado em partículas isoladas e não pode ser transportado à escala humana. Todas as coisas são inteligíveis e sensíveis. A poesia do imaginário científico num espaço-tempo de doze dimensões reconhece uma inteligência expansiva e viva na correlação entre ciência, espiritualidade e arte na investigação e no desenvolvimento. A compreensão do universo e a sua interpretação através da poesia num espaço-tempo de doze dimensões é uma grande invenção científica do milénio de Audrey Kibamba de Bouansa, uma estação de luz na correlação entre ciência, espiritualidade e arte na investigação e desenvolvimento.

CAPÍTULO VII

APLICAÇÕES DA CORRELAÇÃO ESPAÇO-TEMPO ENTRE CIÊNCIA, ESPIRITUALIDADE E ARTE NA INVESTIGAÇÃO E DESENVOLVIMENTO

Qualquer teoria do universo físico construída sobre bases científicas, artísticas e espirituais extraídas do solo experimental tem aplicações em todos os domínios (interdisciplinares e multidisciplinares) que se enraízam nos mistérios da vida; na totalidade do conhecimento e no conhecimento da totalidade. O espaço-tempo de doze dimensões é um novo quadro de referência que nos leva a reorganizar o mundo do trabalho na economia digital e quântica do pensamento, do tempo e do espaço. Este universo kibambista é uma grande revolução, antes de mais cultural, depois científica, técnica e tecnológica, artística e espiritual, baseada na interdisciplinaridade e na inovação para encontrar soluções para os problemas globais através da produtividade e da criatividade que conduzem ao desenvolvimento. O espaço-tempo a doze dimensões é capaz de revolucionar o mundo da computação quântica, com a construção de novos computadores quânticos ultra-potentes que poupam pensamento, tempo e espaço, fundindo e unificando a derivação digital e a integração no espaço. O espaço-tempo de doze dimensões também pode ser aplicado ao mundo da robótica, com a produção de robôs sapiens quânticos capazes de organizar o mundo da economia do pensamento, do tempo e do espaço através da interdisciplinaridade e da inovação. Em África, este espaço-tempo de doze dimensões é a chave para o renascimento africano da investigação e da inovação, baseado na produtividade, na criatividade e na espiritualidade de uma educação africana que tenha em conta as realidades africanas. Trata-se, portanto, de realidades de visão e de direção, de plano e de estratégia, sem esquecer as contribuições para o progresso da humanidade no ecrã do espaço matemático. Esta invenção valoriza o génio inventivo e criativo de África nos domínios cultural, científico, artístico e espiritual, onde somos chamados a dar contributos originais para recomeçar e entrar na história da humanidade com as armas da inteligência. O espaço-tempo a doze dimensões é uma revolução da física quântica ou das partículas, no início do terceiro milénio, na interdisciplinaridade e na inovação, com base na Poesia da Imagem Científica capaz de responder favoravelmente e com clareza a certas preocupações da física das partículas no espaço-tempo a doze dimensões. A teoria do universo de doze dimensões leva-nos também a redescobrir o equilíbrio do nosso mundo através da desordem que está associada à sua ordem através da realidade do espaço-tempo. É a desordem que traz a ordem à existência. Assim, a ordem é parte integrante da desordem, para redescobrir o equilíbrio das coisas no universo.Em cada universo, as coisas estão ligadas umas às outras na folhagem do tempo. E em relação à terra em movimento da topografia. A desordem, entendida como espaço e a ordem, é o tempo ligado ao espaço, e que se mantém constante numa ou noutra direção entre dois sistemas (físico e ondulatório) para operar uma junção perfeita. A Teoria do Universo de Doze Dimensões é o centro da interligação entre a desordem e a ordem, para restabelecer o equilíbrio do nosso mundo através da realidade do tempo ligado ao espaço para formar um só. E para reabilitar no teorema da perfeição onde qualquer número inteiro positivo que soma tantas vezes quanto ele próprio é igual à sua segunda potência. Assim, a ordem e a desordem são uma só. Consequentemente, são inseparáveis se quisermos recuperar o equilíbrio.

CONCLUSÃO

A nossa incapacidade de compreender e definir corretamente os conceitos faz de nós analfabetos ou analfabetos que frequentaram a escola mas não a compreendem como os outros à luz universal da razão. As universidades formam os estudantes, enquanto a sociedade forma as pessoas através da experiência prática. Porque ele diz o que os outros não entendem. E não vê as coisas no mesmo comprimento de onda que os seus semelhantes. A imaginação do cientista é a de uma criança pequena, de seis a oito anos, que vê coisas, por vezes aterradoras, no mundo a que está ligado, que os outros não conseguem ver ou compreender como ele.

O conhecedor é um espírito iluminado e raro que só sabe amar, procurar e pesquisar a verdade verdadeira na cultura da busca da excelência da competência humana. Não sabe invejar, odiar, ter inveja e muito menos caluniar. As pessoas com conhecimento são tão raras como um eclipse, e tão difíceis de encontrar como o ouro e os diamantes. Por isso, é preciso ser-se um erudito antes de se poder chamar erudito a alguém com base nas suas realizações e contribuições nos domínios da ciência e da literatura.

A nossa existência é essencialmente matemática como as raízes da humanidade. A vida começou com a matemática e na matemática para construir o mundo com as palavras como instrumentos da literatura e da ciência. Sem palavras não há liberdade de pensar, de refletir ou de existir. As palavras são a expressão da vida divina. O pensamento humano é matemático. E tudo se faz com o pensamento pelo pensamento, nada de grande se consegue sem um certo domínio da matemática. As grandes descobertas que revolucionaram o pensamento humano têm as suas raízes na matemática. O ser humano é a imagem do universo. A sua aparência a nível atómico é, na realidade e em parte, preenchida pelo vazio (espaço a nível atómico entre o núcleo e os electrões, entre os átomos), enquanto os átomos que nos constituem são regidos entre si por uma forte atração. A partir daí, podemos legitimamente considerar que o nosso corpo contém vários níveis de dimensões (ao nível dos elementos infinitamente pequenos no interior do núcleo atómico, depois o núcleo molecular, etc.) que os átomos e as moléculas que nos constituem torcem o espaço-tempo a diferentes níveis, tal como os corpos mais ou menos densos aqui ou ali no universo.

A prova disso é a investigação sobre as ondas de luz, que mostra que o corpo humano modifica a trajetória das partículas que se aproximam dele. Como o pensamento é organizado pela disposição dos átomos e das moléculas, porque não considerar também que o pensamento pode ser uma alavanca que influencia e distorce ainda mais o espaço-tempo ao nosso nível e a diferentes níveis do nosso corpo.

A terra, sendo o elemento da matéria, é uma esfera que flutua no universo. E que no universo não há cima e baixo. Por outras palavras, o norte e o sul não existem no universo. Por isso, não é insignificante que a Europa possa ser representada no norte de um mapa-mundo e a África na base. Isto não tem qualquer significado matemático no universo. Tal como a África pode ser representada a norte de um mapa-mundo e a Europa em baixo. O universo contém-se a si próprio na sua totalidade, sem fronteiras nem margens. Olhar para o céu noturno é olhar para o infinito - as suas dimensões são incompreensíveis e, por isso, não têm significado. A nossa paixão pela aprendizagem é a nossa ferramenta de sobrevivência. Em cada universo existem N dimensões. E nem todas as dimensões do universo têm o mesmo significado ou a mesma interpretação. Deixemos ao futuro a tarefa de dizer a verdade e de avaliar cada um em função das suas realizações ou dos seus contributos para a progressão da humanidade no ecrã do espaço matemático. O presente é deles, o futuro, para o qual trabalhei verdadeiramente, é meu.A inteligência não é a capacidade de armazenar informação, mas saber onde encontrá-la. A informação está sempre na memória do universo inteligente, que precisa de ser domado, obedecendo-lhe. O universo é uma poesia da ciência escrita na linguagem da pura matemática fractal da natureza.

PUBLICAÇÕES CIENTÍFICAS

✓ Comment je vois les Belles Lettres: Théorie de la Poésie de l'Imagerie Scientifique dans un espace-temps à douze dimensions, publicado por Le Lys Bleu Paris France em 2021. Autora Audrey Kibamba de Bouansa gare de lumière.

✓ La Théorie de l'univers à douze dimensions sur l'écran de l'espace-temps, publicado pela European University Publishing em Düsseldorf, Alemanha, em 2021. Autora Audrey Kibamba de Bouansa gare de lumière.

✓ Nouvelles Politiques de Développement des Nations Africaines dans un espace-temps à douze dimensions, publicado pela European University Publishing em Düsseldorf, Alemanha, em 2021. Autora Audrey Kibamba de Bouansa gare de lumière.

✓ L'Afrique, Mémoire de l'Humanitude cuja Essência e Urgência são a luta do nosso tempo num espaço-tempo de doze dimensões, publicado pela European University Publishing em Düsseldorf, Alemanha, em 2021. Autora Audrey Kibamba de Bouansa gare de lumière.

✓ Connaissance et Humanité: les vrais diplômes dans la production intellectuelle dans l'auto-éducation, publicado pela European University Publishing na Alemanha, em Düsseldorf, em 2021. Autora Audrey Kibamba de Bouansa gare de lumière.

✓ O que é a Poesia das Equações Matemáticas no casamento da inovação e da criação num espaço-tempo de doze dimensões, publicado pela European University Publishing na Alemanha, em Düsseldorf, em 2021. Autora Audrey Kibamba de Bouansa gare de lumière.

✓ Positioning the Spatio-Temporal Continuum in the First Fundamental Relationship of Surveying, publicado pelas universidades europeias na

Alemanha, em Düsseldorf, em 2021. Autora Audrey Kibamba de Bouansa gare de lumière.

✓ Discurso sobre a Teoria da Poesia de levantamento lírico num espaço-tempo de doze dimensões, publicado pela European University Publishing na Alemanha, em Düsseldorf, em 2021. Autora Audrey Kibamba de Bouansa gare de lumière.

✓ Les Douze Clés de la Connaissance sur l'Onde Lumineuse avec les lunettes de la Poésie Numérique et Quantique dans un Grand Carré, publicado pela European University Publishing em Düsseldorf, Alemanha, em 2021. Autora Audrey Kibamba de Bouansa gare de lumière.

✓ Initiation à l'Epistémologie Numérique et Quantique dans un espace-temps à douze dimensions, publicado pela European University Publishing na Alemanha, em Düsseldorf, em 2022. Autora Audrey Kibamba de Bouansa gare de lumière.

✓ Le Bloc Fédéral Panafricain Mécanismes des Réformes du Système Educatif Africain dans les Lumières des Humanités Classiques Africaines, publicado pela European University Publishing na Alemanha, em Düsseldorf, em 2022. Autora Audrey Kibamba de Bouansa gare de lumière.

✓ Denis Sassou N'Guesso no centro dos desafios da diplomacia africana profunda num mundo multipolar de equilíbrio e paz, publicado pela European University Publishing na Alemanha, em Düsseldorf, em 2022. Autora Audrey Kibamba de Bouansa gare de lumière.

✓ The Correlation between Science, Spirituality and Art in Research and Development, publicado pela European University Publishing em Düsseldorf, Alemanha, em 2024. Autora Audrey Kibamba de Bouansa gare de lumière.

✓ Introdução à Teoria do Universo de Doze Dimensões para restabelecer o equilíbrio do nosso mundo, publicado pelas Editions Universitaires Européennes em Düsseldorf, Alemanha, em 2024. Autora Audrey Kibamba de Bouansa gare de lumière.

✓ L'arpentage lyrique, publicado pela Muse em Düsseldorf, Alemanha, em 2021. Autora Audrey Kibamba de Bouansa gare de lumière.

✓ L'aube des chants d'initiés, publicado por Le Lys Bleu Paris França em 2020. Autora Audrey Kibamba de Bouansa gare de lumière.

DEBATES NA CONFERÊNCIA

✓ Sobre o tema "O pensamento quântico no coração da inovação". Autora Audrey Kibamba de Bouansa gare de lumière no canal youtube de Mobali Makassi a 19 de fevereiro de 2023 às 19h00, hora de Paris, França.

✓ Sobre o tema Epistemologia digital e quântica, a chave para a investigação e o desenvolvimento das nações africanas. Autora Audrey Kibamba de Bouansa gare de lumière no canal youtube Causons d'Afrique a 17 de novembro de 2022 às 20h00, hora de Paris, França.

✓ Sobre o tema Limpeza do esqueleto e do genoma humanos com luz natural e pressão digital. A escritora Audrey Kibamba de Bouansa, estação de luz sobre a voz da diáspora, no dia 7 de junho de 2022, às 15 horas, hora de Abidjan, na Costa do Marfim.

✓ Sobre o tema Como vejo as Belles Lettres num espaço-tempo de doze dimensões. A autora Audrey Kibamba de Bouansa gare de lumière no canal do youtube huit milles tambours d'Afrique, em 20 de março de 2022, às 17 horas, hora de Bruxelas, na Bélgica.

✓ Sobre o tema da Correlação entre Ciência, Espiritualidade e Arte na Investigação e Desenvolvimento, e a Teoria do Universo de Doze Dimensões. A autora Audrey Kibamba de Bouansa estação da luz na Faculdade de Ciências e Tecnologia da Universidade Marien Ngouabi, em 20 de fevereiro de 2024, às 10 horas, hora de Brazzaville.

REFERÊNCIAS

1. A teoria do universo de doze dimensões no ecrã do espaço-tempo, estação luminosa Audrey Kibamba de Bouansa;
2. Comment je vois les belles lettres: théorie de la poésie de l'imagerie scientifique dans un espace temps à douze dimensions,Audrey Kibamba de Bouansa light station;
3. O posicionamento do contínuo espaço-tempo na primeira relação fundamental da topografia, a estação luminosa Audrey Kibamba de Bouansa;
4. A correlação entre ciência, espiritualidade e arte na investigação e desenvolvimento, estação de luz Audrey Kibamba de Bouansa.

Printed by Books on Demand GmbH, Norderstedt / Germany